江苏省城市道路绿化海绵技术应用指南

江苏省住房和城乡建设厅
江苏省风景园林协会　　　　编著
江苏省城乡与景观数字技术工程中心

图书在版编目(CIP)数据

江苏省城市道路绿化海绵技术应用指南 / 江苏省住房和城乡建设厅等编. — 南京 : 东南大学出版社,
2018.10
　ISBN　978 - 7 - 5641 - 7966 - 3

　Ⅰ.①江… 　Ⅱ.①江… 　Ⅲ.①城市道路-道路绿化-江苏-指南 　Ⅳ.①TU985.18-62

中国版本图书馆 CIP 数据核字(2018)第 203738 号

江苏省城市道路绿化海绵技术应用指南

编　著	江苏省住房和城乡建设厅等		责任编辑	刘　坚	
电　话	(025)83793329　QQ:635353748		电子邮箱	liu-jian@seu.edu.cn	

出版发行	东南大学出版社		出 版 人	江建中	
地　址	南京市四牌楼 2 号		邮　编	210096	
销售电话	(025)83794561/83794174/83794121/83795801/83792174				
	83795802/57711295(传真)				
网　址	http://www.seupress.com		电子邮箱	press@seupress.com	

经　销	全国各地新华书店		印　刷	南京新世纪联盟印务有限公司	
开　本	880×1 230　1/32		印　张	1.75	
字　数	47 千字				
版 印 次	2018 年 10 月第 1 版第 1 次印刷				
书　号	ISBN　978 - 7 - 5641 - 7966 - 3				
定　价	20.00 元				

编　委　会

Preface 前言

　　为贯彻落实习近平总书记在中央城镇化工作会议上关于建设海绵城市的讲话精神:"在提升城市排水系统时要优先把有限的雨水留下来,优先考虑更多利用自然力量排水,大力推进建设自然积存、自然渗透、自然净化的'海绵城市'",结合江苏省实际情况,在广泛调查研究与实践的基础上,深化和细化住房和城乡建设部相关规范和技术指南的要求,特编制本技术指南,以促进和指导全省城市道路绿化建设中海绵技术的应用。

　　本技术指南提出了江苏省城市道路绿化海绵技术应用的基本目标和原则,进一步明确了城市道路绿化海绵技术的设计方法,系统阐述了城市道路绿化海绵技术的设计程序、技术措施、施工养护与绩效监测等工作的相关细则。

　　本技术指南为指导性技术文件,内容包括总则、海绵型城市道路绿化协同设计、城市道路绿化海绵技术设计要点、海绵型城市道路绿化施工养护与绩效监测和附录,共五部分。

　　本技术指南由江苏省住房和城乡建设厅组织编制,主要起草单位为东南大学、江苏省城乡与景观数字技术工程中心(东南大学),参编单位为江苏省风景园林协会。各单位在使用过程中如发现问题,请及时与我们联系,以便进一步修改完善。

Contents 目录

一、总则

1. 城市道路绿化海绵技术

1）基本内涵

(1) 海绵型城市道路

海绵型城市道路是指在满足基本道路功能的前提下,通过应用相关海绵技术措施削减地表径流,实现雨水"自然积存、自然渗透、自然净化"的城市道路类型。

(2) 海绵型城市道路绿化

海绵型城市道路绿化既具备普通城市道路绿化的基本功能,又能与海绵系统相融合,实现道路径流的收集、渗透、净化、储存及利用。

(3) 海绵型城市道路绿化设计范围

海绵型城市道路绿化设计范围包括城市主干道、城市次干道、城市支路的分车绿带、行道树绿带、路侧绿带、交通岛及停车场绿地等。

2）作用与意义

城市道路是建成区下垫面的重要组成部分。由于常规路面均采用不透水结构,因而具有径流系数大及产、汇流速度快等特点。当出现短历时强降雨时,易发生道路限界内积涝,不但影响通行,严重时甚至会威胁公众的生命与财产安全。与此同时,传统道路的排水设计模式多以"快排"为主,雨水资源被迅速集中于管网并被排出,导致城市内涝以及分车带土壤缺水致使绿化管养成本高。城市道路水环境问题正逐渐制约着城市的可持续发展。

海绵型城市道路绿地作为消纳城市道路径流的重要载体,除了拥有传统城市道路绿化的基本功能外,还具有渗透、净化、储存、收集利用路面径流等功能。海绵型城市道路绿化在有限的绿地空间内,统筹道路绿化与海绵系统建设,实现"一体化"设计。这对于提升绿化景观效果,更好地发挥海绵系统效能,减少地表径流,降低径流污染,节约水资源,促进良性水文循环等方面具有重要的意义,从而切实保护和改善城市道路的生态环境。

　　3）适用范围

　　本技术指南针对江苏省自然地理条件和降水特点编制,适用于省内各地海绵型城市主干道、次干道、支路等分车绿带、行道树绿带、路侧绿带、交通岛及停车场绿地等绿化建设。

　　本技术指南可为江苏省各地海绵型城市道路绿化建设项目的规划设计、施工、养护管理人员提供参考,同时也便于城市规划、排水、道路交通、园林等有关部门对海绵型城市道路绿化建设项目的指导和监督。

　　本技术指南重点引导城市道路绿化建设中与海绵城市建设相关的内容,城市道路绿化规划的设计及建设应符合国家及地方相关法律法规和标准规范要求。

2. 城市道路绿化海绵技术应用的基本要求

　　江苏省城市道路绿化海绵技术应用应满足安全、景观、生态、调蓄、净化的基本要求。

　　1）安全要求

　　城市道路海绵技术的应用首先应满足通行车辆及行人安全要求,确保海绵设施的建设不影响城市道路交通安全。

　　2）景观要求

　　道路绿化作为城市绿地系统的重要组成部分,可以体现城市的绿化风貌与景观特色。海绵型城市道路绿化在满足海绵城市建设要求的同时,应保证其景观效果,避免出现片面强调海绵功能而忽视景观功能的现象。

　　3）生态要求

　　城市道路绿化可以改善道路沿线生态环境质量、美化城市环境,具有庇荫、滤尘、减弱噪声等主要功能。海绵型城市道路绿化在规划设计和建设过程中应遵循因地制宜的原则,相关控制指标的确定应结合项目所在地环境条件,如气候、土壤、竖向等。同时,在海绵技术措施选择、树种选择、施工工艺工法上应体现生态性。

　　4）调蓄要求

　　在海绵型城市道路绿化的设计中,设施的排水标准不应低于城市道路范围内雨水排放系统的设计降雨重现期标准。海绵系统需与城市市政排水设施系统互为补充,共同营造良好的城市道路水环境。

5）净化要求

道路作为城市汇水面的重要组成部分,路面雨水具有一定污染,海绵型城市道路绿化应根据城市道路水环境质量要求、径流污染特征等确定径流污染综合控制目标和污染物指标,以达到净化地表径流的要求。

3. 海绵型城市道路绿化的分类

根据绿化栽植形式的差异,海绵型城市道路绿化可分为下凹式及非下凹式两种。两种绿化模式可适用于不同地区及路况条件,规划设计单位应依据项目的实际情况,因地制宜地选择使用。

1）下凹式海绵型城市道路绿化

概念 下凹式绿地指低于周边地面或道路的绿地统称,根据其海绵功能不同,可分为快排型、滞蓄型、传输型等。

特点 下凹式绿地具有补充地下水、调节地表径流、滞洪以及削减径流污染物等特点,但同时要防止汇集路面垃圾、绿化效果欠佳等问题。

2）非下凹式海绵型城市道路绿化

概念 非下凹式绿地指不低于周边地面或道路的绿地统称。

特点 非下凹式海绵型城市道路绿化不改变道路原有功能及绿化种植方式,保证了城市道路整体景观特征的统一,为海绵城市道路绿化建设提供了一种新的模式。非下凹式绿地不能直接汇集蓄积雨水,需要与海绵工程措施配合以实现海绵效益。

二、海绵型城市道路绿化协同设计

1. 基本要求

(1) 城市道路绿化建设应与海绵系统工程、道路工程、综合管廊及市政公用设施、既有排水系统等子系统协同设计、施工、验收(见图 2.1)。

(2) 城市道路绿化海绵系统设计应统筹城市道路红线内用地与相邻绿地竖向、种植、排水等关系。

(3) 绿化栽植应与海绵设施相协调,同时满足雨水收集、调蓄、净化、灌溉等海绵系统建设要求。充分考虑海绵控制指标要求,需对相关控制指标进行科学的水文、水力计算和模拟。

图 2.1 城市道路绿化与相关专业协同

2. 设计程序

城市道路绿化海绵技术应用一般设计流程如图2.2。

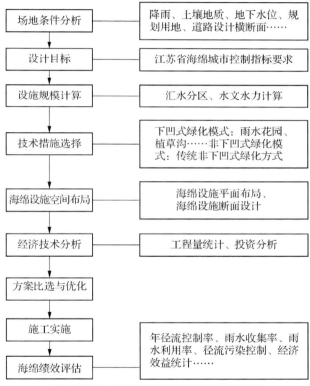

图 2.2 城市道路绿化海绵技术应用常规设计流程图

3. 协同设计

城市道路绿化建设需处理好与海绵系统工程、城市道路结构、市政综合管廊和公用设施及排水工程的关系。

5

1) 绿化与海绵系统的协同

(1) 非下凹式绿化方式与海绵系统的协同

在海绵型城市道路绿化设计中采取非下凹式绿地的,应统筹考虑分车绿带宽度及植物与海绵设施位置关系,确保绿化植物生长不受海绵设施影响,部分海绵设施需考虑防根刺处理。绿化与海绵系统协同常见平面及剖面形式可参考图 2.3—图 2.5。

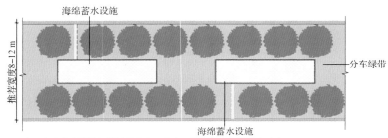

注:海绵蓄水设施规模根据水文、水力计算确定、分段非连续布置。

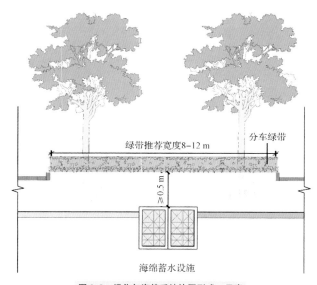

图 2.3 绿化与海绵系统协同形式一示意

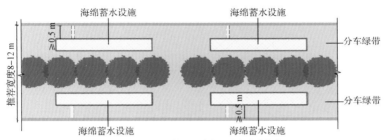

注：海绵蓄水设施规模根据水文、水力计算确定，分段非连续布置。

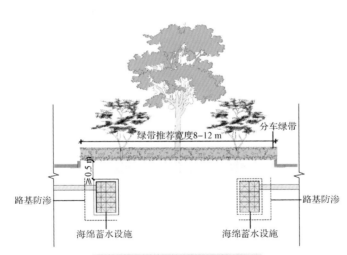

图 2.4 绿化与海绵系统协同形式二示意

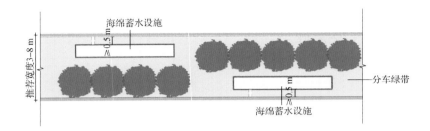

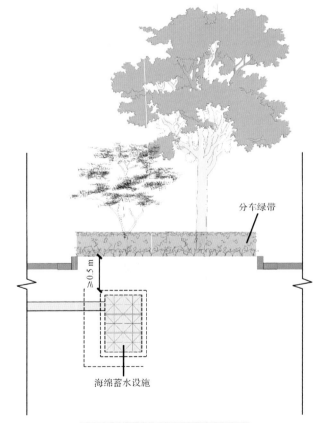

图 2.5　绿化与海绵系统协同形式三示意

（2）下凹式绿化方式与海绵系统的协同

① 在海绵型城市道路绿化设计中采取下凹式绿地设计的,首先应考虑海绵设施类型及功能进行平面布局和竖向设计。

② 下凹式绿地的下凹深度应根据降水、地下水位、土壤类型、规划地块雨水控制指标和水文计算等综合加以确定。

③ 下凹式绿地植物类型的选择应综合考虑植物生态习性及景观效果。

④ 下凹式绿地内一般应设置溢流口(如雨水口),保证暴雨时径流的溢流排放,溢流口顶部标高应根据水文计算确定。对于径流污染严重、设施底部渗透面距离季节性最高地下水位或岩石层小于 1 m 及距离建筑物基础小于 3 m(水平距离)的区域,应采取必要的措施防止次生灾害的发生。

2）绿化与道路结构工程的协同

海绵型城市道路绿化设计应充分考虑与城市道路路基路面结构、分车带路缘石等道路结构工程的空间位置关系,为植物留出足够的生长空间(见图 2.6、图 2.7)。乔木树干中心至机动车道路缘石外侧距离不宜小于 0.75 m。分车带及人行道树池土壤条件应满足植物的生长需要,保证土壤水分、肥力和透气性,避免其在施工阶段受施工垃圾污染。

分车绿带及行道树绿带的绿化设计应视道路等级及荷载情况采取必要的防渗措施,以防径流雨水下渗对道路路面及路基的强度和稳定性造成影响。

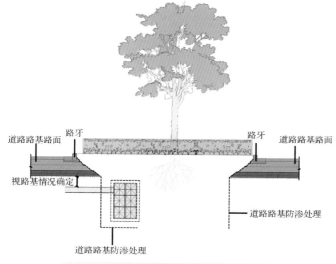

图 2.6 绿化与道路结构工程的协同示意(非下凹式)

9

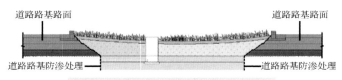

图 2.7　绿化与道路结构工程的协同示意（下凹式）

3）绿化与地下市政设施的协同

　　综合管廊是指在城市道路地下建造的市政共用隧道，即"统一规划、统一建设、统一管理"的电力、通信、供水、燃气等多种市政管线，以满足地下空间的综合利用和资源共享。海绵型城市道路绿化的栽植形式、植物品种选择应根据综合管廊的覆土深度、空间位置等因素综合考虑，确保绿化种植设计与综合管廊设计相协调。当道路绿带下方设计有综合管廊时，应根据管廊深度确定是否适宜使用下凹式绿化形式（见图2.8）。

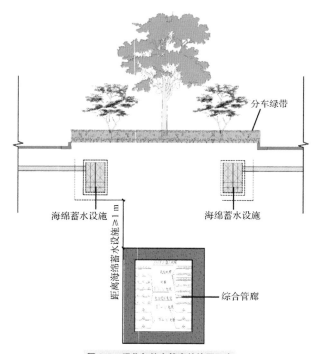

图 2.8　绿化与综合管廊的协同示意

海绵型城市道路的绿化栽植与市政公用设施的相互位置应统筹安排，以保证树木所需的立地条件与生长空间。新建道路或经改建后达到规划红线宽度的道路其绿化树木与地下管线外缘的最小水平距离应符合相关规定要求（见表2.1），行道树绿带下方不得敷设管线。

表2.1　树木与地下管线外缘最小水平距离

管线名称	距乔木中心距离(m)	距灌木中心距离(m)
电力电缆	≥1.0	≥1.0
电信电缆(直埋)	≥1.0	≥1.0
电信电缆(管道)	≥1.5	≥1.0
给水管道	≥1.5	—
雨水管道	≥1.5	—
污水管道	≥1.5	—
燃气管道	≥1.2	≥1.2
热力管道	≥1.5	≥1.5
排水盲沟	≥1.0	—

4）绿化与既有排水系统的协同

城市道路绿化分车绿带及路侧绿地内设置的海绵设施溢流排放系统应与其他海绵设施或城市既有排水管渠系统、超标雨水径流排放系统做好衔接，其断面及竖向设计应满足相应的排水设计要求，确保上下游排水系统顺畅（见图2.9、图2.10）。

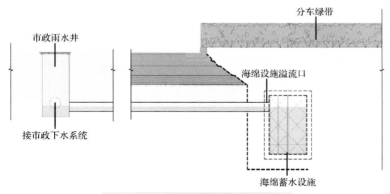

图2.9　绿化与排水系统协同示意(非下凹式)

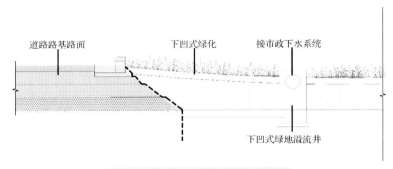

道路路基路面　　　　下凹式绿化　　　接市政下水系统

下凹式绿地溢流井

图 2.10　绿化与排水系统协同示意(下凹式)

三、城市道路绿化海绵技术设计要点

1. 道路绿化

道路绿化分为分车绿带绿化、行道树绿带绿化、路侧绿带绿化及交通岛绿化等。在植物选择和配置中,应注重选择适生乡土植物,充分发挥植物在调蓄径流、净化水体等方面的作用。

1) 分车绿带

(1) 植物配置要求

植物配置应按照生态学原理,构建地带性植物群落,提倡乔木、灌木、草本的合理搭配,速生树种与慢生树种的合理搭配,落叶植物与常绿植物的合理搭配。同时应全面考虑植物在形、色、味、声上的观赏效果、季相变化以及近、远期成景效果,与周边环境相协调。

下凹式绿带:

① 应根据当地的气候条件优先选择耐水湿、常绿周期长的低矮草本地被植物进行搭配种植,可分段栽植少量耐水湿的乔木。在发挥植物调蓄径流、净化水质作用的同时,保证观赏效果。

② 分车绿带的种植可采取分段栽植或色块种植等形式。

非下凹式绿带:

以不妨碍驾驶者的行车视线为原则,选择能够适应城市道路特点并具有净化空气、减弱噪声、减尘等功能的植物,形成"乔—灌—草"复合结构。为了不阻挡行车司机的左右视线、降低不同车速和方向的车流之间的相互干扰、避免夜间行车时对向车流之间头灯的眩目照射,中间分车绿带宜密植常绿植物。

当分车绿带下埋有蓄水模块、溢流管、穿孔管以及土工布等海绵设施时,应根据海绵设施的布置考虑植物栽植位置,保证两者之间足够的安全距离。

(2) 树种选择

下凹式绿带:

① 宜选择可长时间抗旱又能承受周期性积涝的适生乡土植物。

② 宜选择耐污染能力强的植物。

③ 宜选择根系发达、抗雨水冲刷的植物。

乔木的选择与配置：可分段栽植少量耐涝、耐旱、抗污染的乔木，同时可选择观赏价值高的树种点缀整体景观。此外乔木的栽植不能影响交通，应选择分枝点较高的树种。江苏地区可选用如水杉、池杉、落羽杉、垂柳等。

灌木的选择与配置：灌木与乔木及地被搭配种植形成复层植物群落景观，应选择根系发达、抗雨水冲刷、耐旱的种类，江苏地区可选用如雀舌黄杨、小叶黄杨、夹竹桃等。

地被的选择与配置：地被植物除了要满足耐水湿、耐污染能力强等特性要求，还要尽量考虑其美学价值，如选择花期长、花色鲜明的植物。

非下凹式绿带：

① 选择适应城市道路特点、净化空气、减弱噪声、减尘的植物品种。

② 充分发挥植物在调蓄径流、净化水质方面的作用，同时应根据当地的气候条件优先选择适生乡土植物和引种成功的外来植物，不应选择入侵物种或有侵略性根系的植物。

③ 宜选择抗病虫害能力强、抗污染抗粉尘能力强、维护管理简单的植物。

④ 当分车绿带下埋有蓄水模块、溢流管、穿孔管以及土工布等海绵设施时，应根据海绵设施的布置考虑植物栽植位置，保证两者之间足够的安全距离。

乔木的选择与配置：乔木宜选择适应道路特点的植物品种，江苏地区可选用如法国梧桐、马褂木、朴树、银杏等。

灌木的选择与配置：选择无刺或少刺、耐修剪、易于管理、抗污染的植物品种。江苏地区可选择的植物种类有雀舌黄杨、小叶黄杨、红叶石楠、大叶黄杨、八角金盘等。

地被的选择与配置：江苏地区可选用的种类有萱草、麦冬、玉簪、狗牙根、鸢尾等。

下凹式与非下凹式绿带具体乔木、灌木及地被品种选择参见《江苏省海绵型绿化植物配置指南》。

(3) 技术参数

下凹式绿带：

① 下凹式绿带的蓄水层深度应根据径流控制目标及土壤渗透性能来确定，一般为200—300 mm，溢流口应设 100 mm 的超高；换土层介质类型及深度应满足出水水质要

求,还应符合植物种植及园林绿化养护管理技术要求。为防止换土层介质流失,换土层底部一般设置透水土工布隔离层,也可采用厚度不小于 100 mm 的沙层(细沙和粗沙)代替。砾石层起到排水作用,厚度一般为 250—300 mm,可在其底部埋置管径为 100—150 mm 的穿孔排水管,砾石应洗净且粒径不小于穿孔管的开孔孔径。为提高生物滞留设施的调蓄作用,在穿孔管底部可增设一定厚度的砾石调蓄层。

② 下凹式绿带的植物除了要满足耐水湿、绿色期长等要求,还应具备抗倒伏特性,栽植时应注意防倒伏。在绿带种植土换土层两边宜各留出一定的区域不换土,如 8 m×8 m 的换土层区域在两边应各留出 1.5 m 左右的区域不换土。

③ 以种植耐水湿的低矮植物为主,中间分车绿带和两侧分车绿带上可种植地被、灌木以及小乔木。

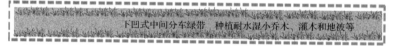

图 3.1　下凹式绿带道路平面图示意

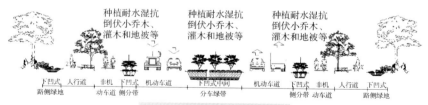

图 3.2　下凹式绿带道路剖面图示意

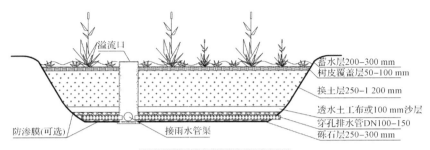

图 3.3 下凹式绿带典型构造示意图

非下凹式绿带：

① 分车绿带的植物配置应形式简洁、树形整齐。乔木树干中心至机动车道路缘石外侧距离不宜小于 0.75 m。

② 中间分车绿带应阻挡相向行驶车辆的眩光，在距相邻机动车道路面高度 0.6 m 至 1.5 m 之间的范围内，配置植物的树冠应常年枝叶茂密，其株距不得大于冠幅的 5 倍。

③ 两侧分车绿带宽度大于或等于 1.5 m 的，应以种植乔木为主，并宜乔木、灌木、地被植物相结合。其两侧乔木树冠不宜在机动车道上方搭接。分车绿带宽度小于 1.5 m 的，应以种植灌木为主，并注重灌木、地被植物相结合。

④ 地被植物丛植时应适当提高种植密度。

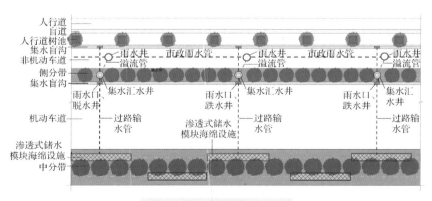

图 3.4 非下凹式绿带道路平面示意

图 3.5　非下凹式绿带道路剖面示意

2）行道树绿带绿化

（1）植物配置要求

① 行道树树池之间应采用透气性路面铺装，树池上宜覆盖树池箅子。

② 植物配置应注意常绿与落叶种类相结合，速生与慢生种类相结合，构成多层次的复合结构。

③ 在道路交叉口视距三角形范围内行道树树池布置应注重通透性，避免种植影响行车交通。

（2）树种选择

行道树树种宜选择干直、分枝点高、冠大荫浓、生长期长、耐修剪、抗倒伏、适应城市道路环境条件的乡土树种。同时应根据雨水设施的滞水深度、滞水时间、种植土性状及厚度、进水水质污染负荷等有针对性地选择耐淹、耐旱、抗污染，并能适应土壤紧实等不利环境的植物品种。

乔木的选择与配置：宜选择株形整齐，观赏价值较高，生命力强健，病虫害少，便于管理，管理费用低，花、果、枝叶无不良气味的乔木品种。

灌木的选择与配置：江苏地区可选用的种类有雀舌黄杨、小叶黄杨、六月雪、八仙花、红花檵木、红叶石楠等。

地被的选择与配置：江苏地区可选用的种类有美人蕉、萱草、麦冬、玉簪等。

具体乔木、灌木及地被品种选择参见《江苏省海绵型绿化植物配置指南》。

（3）技术参数

① 行道树树池应定植株距，应以其树种壮年期冠幅为准，种植株距应大于等于 4 m，行道树树干中心至路缘石外侧最小距离宜为 0.75 m，树池大小应根据树木土球大小予以确定。

② 种植行道树其苗木的胸径:快长树不得小于 5 cm,慢长树不宜小于 8 cm。

③ 人行道应采用透水铺装,雨水可通过透水铺装快速渗入基层和土壤层。人行道外侧路牙应高于绿地,便于雨水汇入。树池周边选用平缘石,人行道雨水径流可直接流入树池。由于非机动车道横坡以 1.5%向人行道方向倾斜,因此,树池应在非机动车道一侧设置进水孔以便于吸收非机动车道的雨水径流。同时,行道树四周向内设置坡度为 1.5%的地被和碎石缓冲带,便于提高树池对雨水的截留量,减少树池的水土流失,营造良好的景观效果。

3) 路侧绿带

(1) 植物配置要求

路侧绿带应根据相邻用地性质、防护和景观要求进行种植设计,并应保持路段内景观效果的连续与完整。

路侧绿带宽度大于 8 m 时,可设计成开放式绿地。开放式绿地中,绿化用地面积不得小于该段绿带总面积的 70%。路侧绿带与毗邻的其他绿地一起辟为街旁游园时,其设计应符合现行行业标准《公园设计规范》(GB 51192—2016)的规定。

① 普通路侧绿带形式一

普通路侧绿带植物配置上应按照生态学原理,构建地带性植物群落,提倡乔木、灌木、草本的合理搭配,速生树种与慢生树种的合理搭配,落叶植物与常绿植物的合理搭配。同时应全面考虑植物在形、色、味、声上的观赏效果、季相变化及近、远期成景效果,与周边环境相协调。利用路侧场地的自然坡度滞留存蓄雨水,当雨水流入路侧绿带时,经过植物缓冲带过滤和转输,汇入远端路侧绿地,为地下水做有效的补充。

② 普通路侧绿带形式二

临水体的路侧绿地,应结合水面与岸线地形设计形成滨水绿带,与河岸植物景观相协调。滨水绿带的绿化应注重在道路和水面之间留出透景线。植物作为从城市道路与城市水系的缓冲带建议配置根系发达、净化能力强、耐水湿的植物。

③ 普通路侧绿带形式三

远路端建议采用"乔—灌—草"的复合结构,推广植物群落式栽植方式,形成天然的植物缓冲带。考虑到对雨水径流延缓程度的加强,植物的种植密度应稍大。近路端建议采用植草沟等海绵形式,利用场地自然坡度将雨水引入海绵设施里。种植设计除了满足植物的功能性和适应性外,还应充分考虑乔木、灌木、花卉及地被植物的色彩、质地和形体美,合理搭配园林植物,增强路侧绿地的景观效果。

（2）树种选择

在路侧绿带绿化植物选择中,要以防尘、除噪以及减轻污染为基本出发点,采用合理化的布局结构,注重植物的色彩搭配和季相变化,营造美观舒适的路侧绿带景观,同时发挥有效的视觉指引功能。

① 普通路侧绿带形式一

乔木的选择与配置:以抗污染的乔木及色叶树为主,同时可选择观赏价值高的种类点缀整体景观。江苏地区可选择如栾树、乌桕、女贞等。

灌木的选择与配置:江苏地区可选择的植物种类有雀舌黄杨、小叶黄杨、六月雪、八仙花、红花檵木等。

地被的选择与配置:江苏地区可选用的种类有美人蕉、萱草、麦冬等。

具体乔木、灌木及地被品种选择参见《江苏省海绵型绿化植物配置指南》。

② 普通路侧绿带形式二(临水体)

建议根据设计水深和水体污染物的净化目标选择相应的植物种类。雨水排入河道处需要选择根系发达、净化能力强、耐水湿的植物。根据水深条件选择合适的沉水植物、浮水植物和部分挺水植物。湿地水陆交错的地带适合种植一些根系发达、净化能力强的沼生、湿生植物,在岸际可点缀喜水湿的乔灌木。

乔木的选择与配置:江苏地区可选择如枫杨、黄连木、三角枫、红枫、紫叶李、银杏、榉树、水杉、落羽杉、池杉、垂柳等。

灌木的选择与配置:江苏地区可选择如醉鱼草、六月雪、八仙花、红花檵木、红叶石楠、八角金盘、紫薇等。

地被的选择与配置:江苏地区可选择如结缕草、狗牙根、芒草、萱草、白三叶、斑叶芒、马蹄金、高羊茅、葱兰等。

水生植物的选择与配置:江苏地区可选择如千屈菜、芦苇、芦竹、黄菖蒲、花菖蒲、花叶芦竹等。

具体乔木、灌木、地被及水生植物品种选择参见《江苏省海绵型绿化植物配置指南》。

③ 普通路侧绿带形式三

在近路端建议选择覆盖度高、景观价值高、海绵效应较好、较低矮的植物,如禾本科植物中的结缕草类、狗牙根类、芒类等。同时,可适当在路侧绿地边缘处点缀一些开花植物等,丰富路侧绿地景观。远路端绿带可选择植物群落式栽植方式,或结合植物布置慢行绿道于其中。

乔木的选择与配置:以抗污染的乔木及色叶树为主,同时可选择观赏价值高的种类点缀整体景观。

灌木的选择与配置:江苏地区可选择的植物种类有雀舌黄杨、小叶黄杨、六月雪、八仙花、红花檵木等。

地被的选择与配置:近路端选择覆盖度高、景观价值高、海绵效应较好、较低矮的禾本科类植物。远路端可栽植一些景观价值高的地被与灌木、乔木构成复合结构。江苏地区可选用的种类有美人蕉、萱草等。

具体乔木、灌木及地被品种选择参见《江苏省海绵型绿化植物配置指南》。

(3)技术参数

① 普通路侧绿带形式一

普通路侧绿带形式一可实现对于汇入绿带中雨水的基础存蓄,在种植设计中应采用"乔—灌—草"复合模式,选择优化的植物缓冲结构,以实现整体结构对于水资源的有效集约。通常路侧绿地低于人行道,当雨水流入路侧绿带时,经过植物缓冲带过滤和转输,汇入远端路侧绿地,再经过植物根茎和表层土壤的过滤吸收,水质得到净化后为地下水做有效的补充。

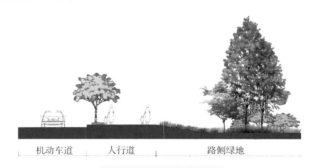

机动车道　人行道　路侧绿地

图 3.6　普通路侧绿带形式一

② 普通路侧绿带形式二(临水体)

如图 3.7 所示,临水体的路侧绿地在植被缓冲 3 区宜选择抗冲刷、耐旱、根系发达的植物,植被缓冲 2 区宜选择生长缓慢、耐旱及净化能力强的植物,植被缓冲 1 区宜选择耐水湿的速生陆生植物和根系发达、净化能力强的水生植物。路侧绿带作为一个从城市道路向城市水系过渡的缓冲带，路面径流经过植被缓冲带的下渗、净化后，排入水体；雨水管网中的雨水通过湿塘、雨水湿地等的沉淀、过滤、净化和存储，最终排入城市水系。

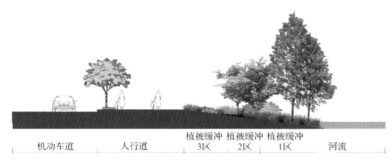

机动车道　　　人行道　　　植被缓冲　植被缓冲　植被缓冲　　河流
　　　　　　　　　　　　　　3区　　　2区　　　1区

图 3.7　普通路侧绿带形式二(临水体)

③ 普通路侧绿带形式三

此种路侧绿带远路端采用"乔—灌—草"复合结构，形成天然的植物缓冲带；近路端设计为下凹式绿地，在充分利用原有地形的基础上，雨水流入绿带，经过植物缓冲带过滤和植草沟转输，汇入下凹式绿地，再经过植物根茎和表层土壤的过滤吸收，水质得到净化后为地下水做有效的补充。另外，在下凹式绿地中设置溢流口，超渗雨水经此口流入市政雨水管道。

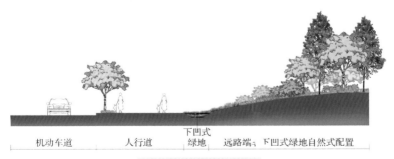

机动车道　　　　人行道　　　下凹式　　远路端　下凹式绿地自然式配置
　　　　　　　　　　　　　　绿地

图 3.8　普通路侧绿带形式三

4）交通岛绿化

（1）植物配置要求

下凹式绿地交通岛：

植物配置通常为自然式，多采用灌木和地被搭配、小乔木适量点缀的方式。为营造开敞的空间效果，不宜种植大乔木。在下凹式绿地最低处应注重选择耐涝能力强的植物。除了要满足耐水湿、绿色期长等要求，乔木还应具备抗倒伏特性。

非下凹式绿地交通岛：

① 交通岛周边植物配置应注重其导向作用，并保证行车视距范围内的通透性。

② 中心岛绿地应保持各路口之间的行车线通透，宜布置成装饰绿地。

③ 立体交叉绿岛应种植草坪等地被植物。

④ 方向岛绿地应配置地被植物。

道路交叉口的转角道侧绿地宜采用植物群落式栽植方式，适当增植色叶树种，形成道路远景观赏面。道路交叉口转角道侧绿地可布置街头游园，供行人停留、休憩。

（2）树种选择

下凹式绿地交通岛：

以耐水湿或水陆都可种植的草本植物为主，搭配耐水湿的木本植物。下凹式绿地积水区可利用耐涝能力强的不同花卉、草本植物混合搭配形成花镜。缓冲区对植物的耐涝性、抗冲刷性和耐旱性都有一定的要求，以灌木和草本植物为主。交通岛边缘区无蓄水能力，宜种植耐旱的植物。

乔木的选择与配置：栽植少量耐涝、耐旱、抗污染的乔木，同时可选择观赏价值高的种类点缀整体景观。此外乔木不能影响交通，宜选择限制高度的小乔木。江苏地区适宜选择如水杉、池杉、落羽杉、垂柳、意杨等。

灌木的选择与配置：缓冲区的灌木应注意选择根系发达、抗雨水冲刷、耐旱的种类。江苏地区适宜种植如南天竹、海桐、雀舌黄杨、小叶黄杨等。

地被的选择与配置：地被植物除了要满足耐水湿、耐污染等植物特性要求，还要尽量考虑其美学价值，如选择花期长、花色鲜明的植物。江苏地区适宜种植如美人蕉、鸢尾、麦冬、芒草、三叶草、萱草、石竹等。

具体乔木、灌木及地被品种选择参见《江苏省海绵型绿化植物配置指南》。

非下凹式绿地交通岛：

应考虑抗性强的树种，尤以乡土树种为主，以能适应交通绿岛的粗放管理。同时，树木的冠形需具有较强的可塑性，树形具有向上的伸展性和聚合性，如尖塔形、圆锥形等，以形成空间上的视觉焦点。种植时尽量采用慢生树种，以保持景观的持久性。当道路节点的植被种植土下埋有海绵设施时，应根据海绵设施的埋置位置来进行植物栽植，保留足够安全距离。

乔木的选择与配置：江苏地区适宜种植的有女贞、黄连木、三角枫、红枫、紫叶李、银杏等。

灌木的选择与配置：江苏地区适宜种植的有雀舌黄杨、小叶黄杨、六月雪、八仙花、红花檵木等。

地被的选择与配置：江苏地区适宜种植的有美人蕉、萱草、麦冬、玉簪等。

具体乔木、灌木及地被品种选择参见《江苏省海绵型绿化植物配置指南》。

（3）技术参数

下凹式绿地交通岛：

下凹式绿地交通岛建议将小乔木、灌木与大量的草本地被植物进行组合搭配。

非下凹式绿地交通岛：

非下凹式绿地交通岛绿化建议采用小乔木和灌木、花、草结合的方式栽植。

道路交叉口的交通导流岛的植物配置宜增强导向作用，在行车视距范围内应采用通透式配置，灌木修剪高度不超过 90 cm，对于不满足植物栽植要求的土壤应进行改良。

2. 停车场绿化

1）植物配置要求

停车场绿化设计中，应尽可能增加绿荫覆盖的面积。车位上方宜栽植冠大荫浓的乔木，间隔配置常绿灌木草本，形成较好的植物景观。在较大型的停车场，可分区块进行植物配置，以提高场地区域的识别性。

停车场周边可考虑采用生物滞留带净化雨水，雨水汇入绿地前应进行初期弃流处理。遮荫乔木宜种植于生物滞留带外缘，生物滞留带宽度应大于 2 m。停车场设置须考虑地表排水坡度，确保地表径流顺利排入海绵设施内。

2）树种选择

建议选择抗性强、滞灰尘、少病虫害、分枝点高、根系发达、无树脂分泌、无生物污染、栽培管理简便、应用效果好的乡土植物。

乔木的选择与配置：乔木提倡选用常绿少浆果树种，防止树叶及浆果掉落对车辆造成不必要的污染。为避免常绿树种景观单调，建议种植一些花色较为明快的树种，使景观层次丰富。

灌木的选择与配置：灌木提倡选用色叶类植物以及开花灌木，建议高低错落栽植，营造丰富的空间形态。

地被的选择与配置：草本提倡选用耐践踏、易管理的草坪，适应该地区气候且符合停车场对草坪的要求。生物滞留带内的地被植物宜采用耐淹、低维护、有一定净化能力的植物。

具体乔木、灌木及地被品种选择参见《江苏省海绵型绿化植物配置指南》。

3）技术参数

（1）应平衡好停车数量与绿化覆盖率之间的关系，提倡使用透水铺装、草坪格、草坪砖等。

（2）提倡停车场使用雨水循环系统，实现资源的可持续利用。

（3）停车场边缘应种植大型乔灌木，有条件的可采用"乔—灌—草"相结合的复层种植形式，为停放车辆提供庇荫保护，起到隔离防护和减噪的作用。

（4）停车场内可设置停车位隔离绿化带；绿化带的宽度应不小于 1.5 m；绿化形式应以乔木为主；乔木树干中心至路缘石距离应不小于 0.75 m；乔木种植间距应以其树种壮年期冠幅为准，以不小于 4.0 m 为宜。

（5）停车场庇荫乔木枝下净空标准：小型汽车应大于 2.5 m；中型汽车应大于 3.5 m；大型汽车应大于 4.0 m。

（6）新植落叶乔木胸径不宜小于 8 cm。

（7）应保证乔木种植株行距不大于 6 m，种植数量不小于 4 行×4 列。

（8）停车场内采用生态树池形式绿化时，生态树池规格应不小于 1.5 m×1.5 m；树池上应安装保护设施，其材料和形式要保证树池的透水透气需求。

四、海绵型城市道路绿化施工养护与绩效监测

1. 海绵型城市道路绿化施工

1）施工要点

（1）海绵型城市道路绿化在施工阶段应与海绵系统工程、市政综合管廊及公用设施工程、道路结构及既有排水系统综合考量，施工时合理安排工序，采取适当措施保护已完成施工的海绵设施。

（2）应着重注意海绵设施的埋深，严格依据施工图确定树木栽植点，协调开挖深度，避免对海绵设施造成破坏。

（3）下凹式绿地施工应注意砾石、沙层和种植土的铺设厚度和规范，应依据海绵工程控制目标要求改良种植土，对于需要换土区域，施工工序上应合理安排，注意保护换土区域，防止土壤污染。

（4）相关绿化施工还需满足《园林绿化工程施工及验收规范》（CJJ 82—2012）要求。

2）施工前准备

（1）栽植土准备

栽植土改良应与盐碱地改造、海绵工程措施结合进行；下凹式绿地建设中，应依据不同地区降水情况选取土壤孔隙度和透水率合适的土壤。

（2）苗木准备

应依据前期设计准备苗木，并对苗源地立地条件、交通状况、土质情况、植物生长状况、植物检疫情况、当地林业部门的相关要求等进行全面调查。

3）植物种植

（1）定点放线

在现场测出苗木栽植位置和株行距，根据植物配置的疏密度，在设计图上标注具体的尺寸，再按此位置用皮尺在现场相应的方格内定位撒灰点。

（2）挖坑及换土

挖坑或沟槽须严格按照定点放线所标定的位置及尺寸操作。栽植坑的大小以树木品种、规格及栽植地点的土壤条件而定。在土壤贫瘠地段，换土与施基肥应结合进行。下凹式绿地植物种植前应铺设不同层级的砾石、沙层和种植土，依据当地降水等情况选取适宜的种植土并且确定覆土深度。

（3）栽树

栽植时期以春、秋两季最为适宜。夏季栽植，要加大土球直径、多疏枝叶，尽量缩短移植时间，快掘、快运、快栽并选择在阴天或降雨前进行。下凹式绿地宜种植适宜性地被及小灌木，非下凹式绿地在栽植过程中应注意保护海绵设施免受破坏。

（4）防风支柱

新植大苗，特别是裸根苗，易被大风吹倒吹斜，应立支柱支撑。原则为不影响行人、车辆通行。行道树宜采用支撑，栽植时与树木一起埋入坑内。支撑杆与树木应用软胶带连接，随时注意加固和松动。具体相关措施参见《江苏省海绵型绿化植物配置指南》。

2. 海绵型城市道路绿化养护

1）养护要点

海绵型城市道路绿化养护的主要内容有海绵设施维护、浇水、施肥、整形与修剪、防寒、病虫害防治等。下凹式绿地应重点根据当地不同季节降水条件以及反馈的土壤含水量进行适当补充灌溉；非下凹式绿地应根据灌木和乔木生长状况，依据不同季节情况和降水情况对乔灌木进行加土、扶正、抹芽、修剪、松土、除草、灌溉、施肥、防治病虫害等。

2）设施维护

下凹式绿化形式应对地表垃圾进行及时清理，及时补种修剪植物，对地表覆盖物（碎石或是枯枝叶等）进行梳理清理。非下凹式绿化形式应及时检测植物生长状况，补种修剪植物、清除杂草、防治病虫害。

3）维护频次

城市道路绿化主要海绵设施维护频次见表4.1。

表 4.1　城市道路绿化主要海绵设施维护频次表

海绵设施	维护频次	备注
下沉式绿地	检修 2 次/年(雨季之前、雨季中期),植物生长季节修剪 1 次/月	指狭义的下沉式绿地
生物滞留设施	检修、植物养护 2 次/年(雨季之前、雨季中期)	植物栽种初期适当增加浇灌次数;不定期地清理植物残体和其他垃圾
植草沟	检修 2 次/年(雨季之前、雨季中期),植物生长季节修剪 1 次/月	—
植被缓冲带	检修 2 次/年(雨季之前、雨季中期),植物生长季节修剪 1 次/月	—
湿塘	检修、植物残体清理 2 次/年(雨季),植物收割 1 次/年(冬季之前),前置塘清淤(雨季之前)	—

3. 海绵型城市道路绿化绩效监测

基于物联网、传感器和计算机平台的智能监测和量化技术对于海绵城市道路绿化建设具有重要的意义。城市道路绿化海绵监测系统能够为城市道路水环境监测、海绵型城市道路绿化设计实效验证及改进提升、海绵型城市道路海绵绩效评估、城市道路绿地后期维护管理等提供准确的基础数据和技术支撑,从而提高了海绵城市建设的客观性和科学性。同时,依据住建部《海绵城市建设指南》《海绵城市建设绩效评价与考核指标(试行)》要求,在海绵型城市道路绿化项目建设中需设立海绵绩效监测系统并对相关绩效进行评价。

1) 监测系统构成

海绵型城市道路绿化监测系统一般有三层结构:第一层为现场传感层,包括低功耗数据采集器和传感器,设备可通过太阳能电池供电,实现对海绵系统水位信息、水量信息、水质情况及土壤温湿度、水势信息的采集和就地存储;第二层为网络层,通过网络技术实现采集器集成数据的上传;第三层为数据应用层,可基于 GIS 技术、Flex 技术、NET 技术及数据库技术建立海绵型城市道路绿化智能监测平台,结合三维地理模型,多维度展示海绵数据信息。

表 4.2　海绵型城市道路绿化监测系统设备选用表

序号	名称	单位	备注
1	雨量计	台	区域降雨量监测
2	雨水专用数据采集传输仪	台	数据采集存储传输仪
3	太阳能供电系统	套	传感器及数据采集器供电
4	水位传感器	只	海绵设施水位监测
5	污泥浓度监测仪	只	海绵设施污泥浓度监测
6	土壤水分、温度传感器	只	含水量及绿化微气候监测
7	地表积水监测测量系统	套	道路低洼点地表积水监测
8	计算机管理平台、数据库	套	数据管理、分析及展示

2）监测指标

海绵城市道路绿化监测指标主要分两类：一类为海绵绩效监测指标，另一类为景观及生态绩效监测指标。

（1）海绵绩效监测指标

依据住房和城乡建设部《海绵城市建设绩效评价与考核指标（试行）》要求，针对城市道路水环境特点，初步选取年径流总量控制率、地下水位、城市面源污染控制、雨水资源利用率、城市暴雨内涝灾害防治五个监测指标。

表 4.3　海绵型城市道路海绵绩效监测指标表

项	指标	要求	方法	性质
1	年径流总量控制率	当地降雨形成的径流总量，达到《海绵城市建设技术指南》规定的年径流总量控制要求。在低于年径流总量控制率所对应的降雨量时，海绵城市建设区域不得出现雨水外排现象	根据实际情况，在地块雨水排放口、关键管网节点安装观测计量装置及雨量监测装置，连续（不少于一年、监测频率不低于 15 分钟/次）进行监测；结合气象部门提供的降雨数据、相关设计图纸、现场勘测情况、设施规模及衔接关系等等进行分析，必要时通过模型模拟分析计算	定量（约束性）

项	指标	要求	方法	性质
2	地下水位	年均地下水潜水位保持稳定，或下降趋势得到明显遏制，平均降幅低于历史同期。年均降雨量超过1 000 mm的地区不评价此项指标	查看地下水潜水水位监测数据	定量（约束性，分类指导）
3	城市面源污染控制	雨水径流污染、合流制管渠溢流污染得到有效控制。① 雨水管网不得有污水直接排入水体；② 非降雨时段，合流制管渠不得有污水直排水体；③ 雨水直排或合流制管渠溢流进入城市内河水系的，应采取生态治理后入河，确保海绵城市建设区域内的河湖水系水质不低于地表Ⅳ类	查看管网排放口，辅助以必要的流量监测手段，并委托具有计量认证资质的检测机构开展水质检测	定量（约束性）
4	雨水资源利用率	雨水收集并用于道路浇洒、园林绿地灌溉、市政杂用、工农业生产、冷却等的雨水总量（按年计算，不包括汇入景观、水体的雨水量和自然渗透的雨水量）与年降雨量（折算成毫米数）的比值，或雨水利用量替代的自来水比例等，达到各地根据实际确定的目标	查看相应计量装置、计量统计数据和计算报告等	定量（约束性，分类指导）
5	城市暴雨内涝灾害防治	历史积水点彻底消除或明显减少，或者在同等降雨条件下积水程度显著减轻。城市内涝得到有效防范，达到《室外排水设计规范》规定的标准	查看降雨记录、监测记录等，必要时通过模型辅助判断	定量（约束性）

（2）景观及生态绩效监测指标

海绵型城市道路景观及生态绩效监测指标主要包括植被生长、土壤情况、微气候状况、空气质量等4个方面。

表4.4　海绵型城市道路景观及生态绩效监测指标表

项	指标	要求	方法	性质
1	植被生长	海绵型城市道路绿地植物应能保证具有较高成活率，植物生长健康，达到较高植物绿量	实地考察、查看统计报告，也可计算相应植物生长量	定量/定性
2	土壤情况	能改善土壤水环境，提高土壤保水率等	查看土壤传感器等相应计量装置	定量/定性

续表

项	指标	要求	方法	性质
3	微气候状况	可通过热辐射衰减率、温湿度、噪音衰减度等相关指标确定	查看相应计量装置，可通过红外遥感监测评价	定量/定性
4	空气质量	海绵型城市道路绿化应能改善相关区域空气质量，可具体监测空气负离子含量、空气含菌量、PM2.5、固体颗粒物、滞尘率等指标	查看相应计量装置、计量统计数据和计算报告等	定量/定性

3）绩效评价

海绵型城市道路绿化是海绵城市建设的重要组成部分，是改善城市水环境的有效手段。海绵型城市道路绿化绩效评价对于科学、全面地评价海绵城市建设成效及项目后期维护管理与反馈提升具有积极的意义。

（1）评价原则

海绵型城市道路绿化绩效评价应秉持客观公正、科学合理、公平透明、实事求是的原则。同时，应遵循海绵绩效、景观绩效、生态绩效、经济社会绩效并重的评价原则。采取实地考察、资料查阅及监测数据分析相结合的方式，整体、全面地评价项目绩效水平。

（2）评价方法

坚持定量与定性评价相结合，根据实际情况选用实地调研、专家打分、层次分析评价、计算机模拟等方法，建立适宜的绿化绩效评价方法与评价体系。提倡采用智能化监测方式自动获取海绵型城市道路绿化绩效数据，运用计算机智能平台对相关评价数据进行管理、分析及展示。

（3）评价指标

海绵城市道路绿化建设绩效评价与考核指标可分为海绵绩效、景观绩效、生态绩效、经济效益及社会影响四个方面，海绵绩效指标内容包括年径流总量控制率、地下水位、城市面源污染控制、雨水资源利用率、城市暴雨内涝灾害防治等；景观绩效评价指标包括植物绿量与绿视率、群落景观层次、景观视觉质量等；生态绩效评价指标包括物种多样性、空气质量、土壤及微气候情况等；经济效益及社会影响包括项目投资、后期绿化养管费用节约比例、项目示范效应等。

（4）评价结论

从海绵型城市道路绿化海绵绩效、景观绩效、生态绩效、经济效益及社会影响等方面，对项目绩效提出结论与建议。

附录

附录一：基本术语

1. 一般术语、定义

海绵城市（Sponge City）

海绵城市是指城市能够像海绵一样，在适应环境变化和应对自然灾害等方面具有良好的"弹性"，下雨时吸水、蓄水、渗水、净水，需要时将蓄存的水"释放"并加以利用。海绵城市建设遵循生态优先等原则，将自然途径与人工措施相结合，在确保城市排水防涝安全的前提下，最大限度地实现雨水在城市区域的积存、渗透和净化，促进雨水资源的利用和生态环境保护。

雨水渗透（Stormwater Infiltration）

利用人工或自然设施，使雨水下渗到土壤表层以下，以补充地下水。

雨水调蓄（Stormwater Detention, Retention and storage）

雨水存储和调节的统称。

雨水储存（Stormwater Storage）

在降雨期间储存未经处理的雨水。

雨水调节（Stormwater Detention）

也称调控排放，在降雨期间暂时储存（调节）一定量的雨水，削减向下游排放的雨水峰值径流量，延长排放时间，但不减少排放的总量。

雨水滞蓄（Stormwater Retention）

在降雨期间滞留和蓄存部分雨水以增加雨水的入渗、蒸发并收集回用。

下垫面（Underlying Surface）

降雨受水面的总称，包括屋面、地面、水面等。

面源污染（Non-point Sources Pollution）

溶解和固体的污染物从非特定地点，通过降雨或融雪的径流冲刷作用，将大气和地表中的污染物带入江河、湖泊、水库、港渠等受纳水体并引起有机污染、水体富营养化或有毒有害等形式污染。

土壤渗透系数(Permeability Coefficient of Soil)

单位水力坡度下水的稳定渗透速度。

道路绿带(Road Greenbelt)

道路红线范围内的带状绿地,道路绿带分为分车绿带、行道树绿带和路侧绿带。

分车绿带(Dividing Greenbelts)

车行道之间可以绿化的分隔带,其位于上下机动车道之间的为中间分车绿带,位于机动车道与非机动车道之间或同方向机动车之间的为两侧分车绿带。

行道树绿带(Avenue Greenbelt)

布设在人行道与车行道之间,以种植行道树为主的绿带。

交通岛绿地(Traffic Island Green Space)

可绿化的交通岛用地。交通岛绿地分为中心岛绿地、导向岛绿地和立体交叉绿岛。

2. 海绵设施术语、定义

下沉绿地(Depressed Green Space)

低于周边地面标高,可积蓄、下渗自身和周边雨水径流的绿地。下沉式绿地分为狭义下沉式绿地和广义下沉式绿地。狭义的下沉式绿地指低于周边铺砌地面或道路在 200 mm 以内的绿地;广义的下沉式绿地泛指具有一定的调蓄容积(在以径流总量控制为目标进行目标分解或设计计算时,不包括调节容积),且可用于调蓄和净化径流雨水的绿地,包括生物滞留设施、渗透塘、湿塘、雨水湿地、调节塘等。

植草沟(Grass Swale)

可以传输雨水,在地表浅沟中种植植被,利用沟内的植物和土壤截留、净化雨水径流的设施。

生物滞留设施(Bioretention)

在地势较低的区域通过植物、土壤和微生物系统滞蓄、净化雨水径流的设施,由植物层、蓄水层、土壤层、过滤层构成,包括雨水花园、雨水湿地等,生物滞留设施是下沉绿地中的一种。

雨水花园(Rain Garden)

自然形成或人工挖掘的下凹式绿地,种植灌木、花草,形成小型雨水滞留入渗设施,用于收集来自屋顶或地面的雨水,利用土壤和植物的过滤作用净化雨水,暂时滞留雨水并使之逐渐渗入土壤。

渗透管渠(Infiltration Trench)

具有渗透和转输功能的雨水管或渠。

蓄水模块(Rainwater Storage Module)

以聚丙烯为主要材料,采用注塑工艺加工成型,并能承受一定外力的矩形镂空箱体。

路面边缘排水系统(Pavement Edge Drainage System)

沿路面结构外侧边缘设置的排水系统。通常由透水性填料集水沟、纵向排水管、过滤织物等组成。

附录二:相关规范、文件

1. 相关规范

（1）《城市道路绿化规划与设计规范》（CJJ 75—97）

（2）《城市绿地分类标准》（CJJ/T 85—2002）

（3）《城市园林绿化评价标准》（GB/T 50563—2010）

（4）《城市绿地设计规范》（GB 50420—2007）（2016年版）

（5）《室外排水设计规范》（GB 50014—2006）（2016年版）

（6）《建筑与小区雨水控制及利用工程设计规范》（GB 50400—2016）

（7）《城市道路设计规范》（CJJ 37—2016）

（8）《城市综合管廊工程技术规范》（GB 50838—2015）

2. 相关文件

（1）《国务院办公厅关于推进海绵城市建设的指导意见》（国办发〔2015〕75号）

（2）《海绵城市建设技术指南——低影响开发雨水系统构建（试行）》（住房和城乡建设部,2014年）

（3）《财政部、住房城乡建设部、水利部关于开展中央财政支持海绵城市建设试点工作的通知》（财建〔2014〕838号）

（4）《住房和城乡建设部办公厅关于印发海绵城市建设绩效评价与考核办法（试行）的通知》（建办城函〔2015〕635号）

（5）《江苏省政府办公厅关于推进海绵城市建设的实施意见》（苏政办发〔2015〕139号）

附录三:江苏省植被区划图、年均降雨量区划图、土壤条件区划图

附图1 江苏省植被区划图

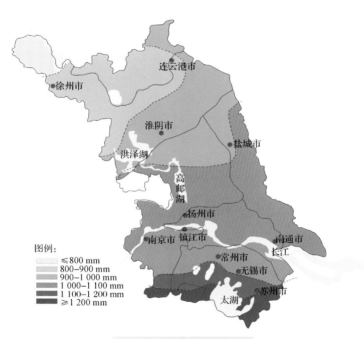

图例：
≤800 mm
800~900 mm
900~1 000 mm
1 000~1 100 mm
1 100~1 200 mm
≥1 200 mm

附图2　江苏省年均降雨量区划图

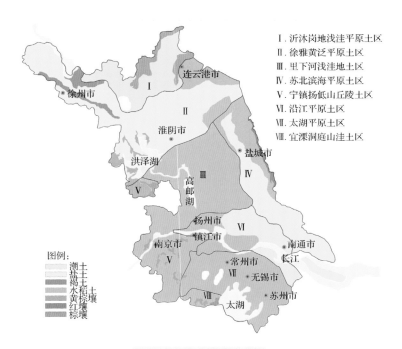

Ⅰ.沂沭岗地浅洼平原土区
Ⅱ.徐雅黄泛平原土区
Ⅲ.里下河浅洼地土区
Ⅳ.苏北滨海平原土区
Ⅴ.宁镇扬低山丘陵土区
Ⅵ.沿江平原土区
Ⅶ.太湖平原土区
Ⅷ.宜溧洞庭山洼土区

附图3　江苏省土壤条件区划图

附录四：典型案例

案例一：南京市天保街生态路示范段（非下凹式绿化形式）

1. 项目概况

天保街生态路示范段位于南京河西新城南部天保街，北起扬子江大道，南至恒河路，全长近 600 m，为南京市首个已建成的海绵城市示范工程。天保街规划为城市次干道，道路标段横断面宽 45 m，双向四车道，中分带绿化宽 5—8 m，侧分带绿化宽 2 m，采用集中式综合管廊，即在中分带内设置集各类电力、通信等十多条市政管线于一体的管线廊道，管廊宽 3 m，顶部覆土厚度约 5 m。

2. 设计理念

南京市天保街生态路示范段设计以解决城市道路雨洪问题为出发点，转变以排为主的城市道路雨洪应对措施，增强道路系统自身对降雨的处理能力。以恢复城市自然水文循环为理念，旨在构建完整的城市道路雨洪管理系统，实现对城市道路雨水的自然积存、自然渗透、自然净化，做到收、蓄、渗、净、排、用、管各层面的呼应与协调。

3. 海绵系统设计方案

南京市天保街生态路示范段海绵系统工程由路面渗透、雨水收集、雨水分配、雨水储存利用及水环境监测系统等 5 部分组成。其基本工作原理为：雨水通过渗透路面直接渗入绿带土壤或进入雨水收集系统，进入收集系统的雨水在经初期处理后转输到雨水分配系统，再由分配系统自流到达道路中分带的储存利用系统，通过雨水自然渗透满足道路中分带绿化植物灌溉用水需求。人行道路面为保证美观和行走舒适，采用预制露骨料混凝土铺装面层，铺装拼缝设计有利于雨水自然下渗，雨水可通过铺装拼缝和碎石层进入两侧绿带土壤；非机动车道及机动车道为保证车辆行车安全，采用面层 40 mm 透水沥青，透水沥青以下部分与普通道路做法一致。雨水渗入面层透水沥青后，在道路横坡的作用下向边沟流动，经过特殊设计的边沟盖板相互拼接后，在侧面形成矩形过水槽口，雨水可通过该槽口进入集水边沟。集水边沟内每隔 20—30 m 设跌水井,再由汇水管将初步沉淀的雨水导入集水井中。集水井上层为进水管,连接集水边沟的汇水管,底层为出水管,连接预埋中分带的储水模块;中间溢流管与市政排水管网相接。集水井收集到的雨水首先分配给渗透管和储水模块,当雨量较大时,储水模块注满,集水井水位上升,可由溢流管将过量雨水排出。收集雨水的储存系统由埋设在中分带内的 PP 储水模块完成,储水模块外侧包裹有滤水土工布和碎石层,可将储存雨水缓释至中分带周围土壤,满足中分带植被对水分的需求。

南京市天保街生态路示范段雨水的收集、分配、储存和利用均在自然力的驱动下完成,全系统无须人工能源的输入,具有道路干预最小化、路面排水清洁化、雨水收集利用高效化、系统运行"可视化"、运行及维护低成本化等优势特征。

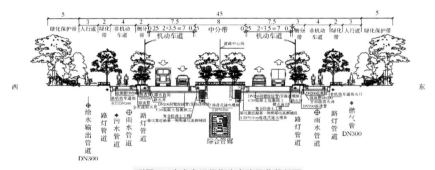

附图 4 南京市天保街生态路示范段断面

4. 绿化设计方案

南京市天保街生态路示范段绿化设计因地制宜选取非下凹式绿化形式,不改变道路原有道路绿化功能及种植方式,维持了城市整体景观特征的统一。

设计摒弃传统"绿墙"处理手法,通过强化横向空间联系,融合道路两侧空间,形成通透开阔的道路视觉形态;基于研究人的视觉行为特点,通过规则变化的种植形式、色彩形成富有节奏和韵律的道路视觉形态,营造变化律动的空间体验。

南京市天保街生态路示范段主要绿化树种包括马褂木、榉树、红果冬青、红花檵木、金边麦冬、金森女贞、龟甲冬青、海桐、蜀桧等。

附图5　南京市天保街生态路示范段绿化效果

5. 绩效监测

　　南京市天保街生态路示范段通过城市道路水环境监测系统实现了对道路水环境24小时实时监测,监测内容包括区域降雨量、储水模块水位以及不同土层深度的土壤含水量等。管理人员可利用电脑客户端、手机APP、LED大屏幕等终端随时掌握城市道路降雨量、雨水收集量、中侧分带土壤含水量等水文数据,实现城市道路水环境管理的定量化、可视化和智能化。

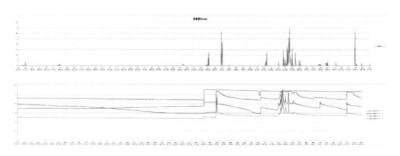

附图6　南京市天保街生态路示范段监测数据

案例二：镇江市周湾路海绵城市试点项目（下凹式绿化形式）

1. 项目概况

周湾路位于镇江市官塘新城，是新城中心南北向综合性干道，全长 6 km。周湾路全段采用雨水生态化处理措施，通过源头分散的小型控制设施，维持和保护自然水文功能。在现有传统雨水排水设计抵御 2 年一遇重现期雨水的基础上，通过蓄、渗处理达到 10 年一遇标准，并提出对 50 年一遇雨洪的应对措施。当发生特大暴雨的时候，雨水可以漫过路面，通过自然护坡，进入路旁的自然河道。采用生态化滤污池代替传统的雨水口，道路雨水必须经过生物截污或生态化处理后方可排入市政雨水管或道路西侧水体。通过生态化处理后，基本消除初期雨水污染，保护河湖水质。

2. 海绵系统设计方案

快车道路面径流通过开口路牙进入侧分带植草沟系统；慢车道和人行道路面径流通过立箅式路牙进入雨水花园或通过人行道暗涵进入道路两侧 15 m 绿化带内设置的生态化雨水沟（采用植草沟或多塘形式）。

在植草沟系统和雨水花园系统内，雨水通过入渗、输送、溢流的方式得到净化、调蓄和蒸发。同时，生态沟防山洪能力按 20 年一遇设计，排水系统按 50 年一遇进行灾害性评估。

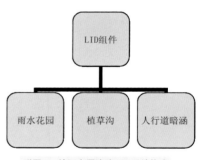

附图 7　镇江市周湾路 LID 系统构成

附图 8　镇江市周湾路海绵项目实景照片

3. 专项设计方案

(1) 道路横断面设计

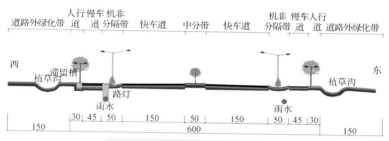

附图 9 镇江市周湾路海绵项目道路横断面

(2) 植草沟设计

周湾路生态草沟自下而上分别以腐殖土、沙石和自然土回填,大大增强了下渗和蓄水功能。生态草沟每隔一段设置了雨水井,通过生态沟自然渗蓄后,经过初步自然净化的水随后进入雨水井和城市雨水管道。

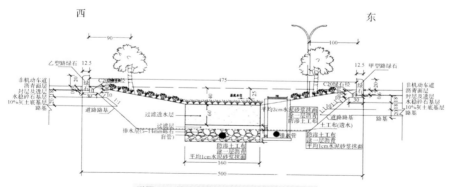

附图 10 镇江市周湾路海绵项目植草沟做法

案例三：昆山市湖滨路绿化海绵技术措施（下凹式绿化形式）

1. 项目概况

昆山市湖滨路全长 1 060 m，项目设计利用雨水花园（雨水滞留器）、人工湿地等"绿色"措施来组织排水，以"慢排缓释"和"源头分散"控制为主要设计理念，低能耗、低维护，与两侧绿化带紧密结合，将生态理念有机植入湖滨路景观。

2. 系统设计

湖滨路海绵系统以边沟形式收集道路及两侧绿化带雨水，并根据湖滨路改线段景观地形，因地制宜设置雨水滞留器，收集初期雨水经过雨水滞留器过滤后排入雨水管，每个雨水滞留器设置溢流口，暴雨时过量雨水通过溢流口溢入雨水管网，最终通过雨水管就近排入河道。

3. 技术措施

（1）雨水口

本项目考虑两侧景观施工，采用侧箅式雨水口，雨水口进水沿口标高需高出雨水滞留器底标高 15 cm。

（2）生态边沟

湖滨路沿线设置 80—100 cm 生态雨水边沟，沟深 20 cm，主要用于收集道路及两侧绿化带雨水，生态边沟与雨水滞留器连接处需用不小于 8 cm 卵石遮挡，减缓沟内雨水对雨水滞留器的冲击。

（3）雨水滞留器

本项目沿线设置雨水滞留器，用于处理初期雨水中污染物，其主要由防水层、排水层、保水层（可选）、过滤层、滞留层几个结构层组成，每个结构层衔接需满足对应的级配要求，每个雨水滞留器根据汇水面积设置相应溢流口，暴雨时，过量雨水通过溢流口排放。同时，每个雨水滞留器排水管道需设置若干反冲接口，用于清通日益累积在滤层及排水管道中的杂质。

雨水滞留器中植物应选择耐淹又耐旱且根系发达的植物，主要用于维系土壤渗透率,处理和吸收雨水中的氮、碳、重金属等污染物;滞留层为初期雨水滞留区域,主要用于对初期雨水的储存,增加雨水停留时间,同时对削减暴雨峰值有一定作用,减小暴雨对城市雨水管网的冲击。过滤层材料由原土、细沙、中沙、细木屑组成,本次设计过滤层厚度为 500 mm,分两次铺设,其中表层 200 mm 过滤层中掺杂木屑,过滤层主要作用在于过滤雨水中的固体悬浮物,并为处理型植物提供生长环境;过渡层材料由中粗沙组成,本次设计过渡层厚度为 100 mm,过渡层的主要作用是防止过滤层介质因长期雨水作用而掉落至排水层或保水层而影响渗透率及处理效果;保水层为碎石和碎木屑混合物,本次设计保水层厚度为 400 mm,保水层主要作用是增加停留时间,提高雨水中 N 的去除率;排水层为瓜子片或碎石,本次设计排水层厚度为 200 mm,排水层的主要作用是排除处理后雨水;防水层采用 HDPE 防渗土工膜,主要用于积存雨水,保护路基,防止路基长期浸泡雨水中。

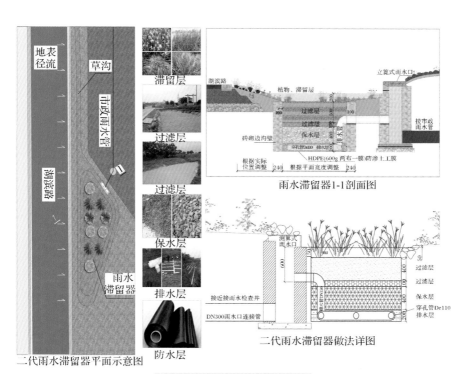

附图 11　昆山市湖滨路海绵系统做法

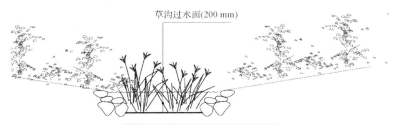

草沟过水面(200 mm)

附图 12　昆山市湖滨路生态草沟做法

附图 13　昆山市湖滨路建成照片